U0323262

STEAM 走进奇妙的科学世界

调皮的水

[英]伊莎贝尔·托马斯 著

[智]宝琳娜·摩根 绘

朱霞 译

新星出版社 NEW STAR PRESS

跟着大人一起踏上寻水之旅。

目 录

什么是水？

翻到第10页，阅读口渴的青蛙提达利克的故事。

水和天气

翻到第30页，了解水循环的全过程。

水的世界

翻到第49页，了解沙漠中的双峰驼是如何储存水的。

水与自然

水和我们的星球

翻到第58页，看看你可以怎样玩水。

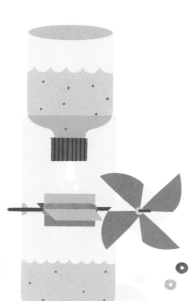

有关水的诗

想一想，水是从哪里来的呢？你能写一首关于水的诗吗？

水呀，水呀，无处不在

水呀，水呀，无处不在，

每一滴水都值得被珍爱。

播种，浇水，静静等待，

看一株可爱植物长出来。

树枝上的水珠，排成排，

将那口渴的小鸟和蜜蜂来招待。

小嘴巴，快张开，

大口大口喝畅快。

水呀，水呀，无处不在，

每一滴水都值得被珍爱。

雨

滴答，滴答，

天空坠下小水花。

撑起小伞啦，

我们一点也不怕。

当雨停下，

太阳发出万丈光芒啦。

含苞待放的朵朵鲜花，

长大，长大，长大！

水的世界

水从天空落下，在地面上流动。它从水龙头中涌出，在玻璃窗上缓缓滑过。水覆盖了地球表面的绝大部分区域。

从一片叶子上的雨滴，

到大街上的水洼，

再到辽阔深邃的大海，

水，无处不在！

让大人带你开启一场寻水之旅吧。

在你家附近，有多少地方可以找到水？

无论你是喜欢潮湿，

还是更愿意保持干爽，

我们都需要水来维持生命。

水的规律

水很特别，它有自己的规律。做做下面这些小实验，发现更多关于水的美妙又奇异的特性。

需要的工具

· 自来水

· 水壶

· 不同尺寸的塑料容器

· 小塑料袋

· 糖

怎么做

1 向水壶中倒入一些水，然后再把水壶中的水倒进另一个容器里。会发生什么呢？

水是流动的，很容易倒出来。它能改变形状。它是一种液体。

2 在一个平面上倒一点水和一点糖，会发生什么呢？当你倒糖时，它会堆成一堆。当你倒水时，它会形成一个小水洼。现在让两滴水互相靠近，当它们接触时会发生什么？

两滴水会融合在一起。

3 把你的手放进一杯糖中，再拿出来。
然后再把手伸进一杯水中，再拿出来。
你注意到其中有什么差别吗？

4 在塑料袋上戳一个小洞，再向塑料
袋中倒入一些水，会发生什么？

水有"黏性"。
它会附着在你的皮肤
上，弄湿皮肤。

水不易控制。

5 在透明塑料碗的底部装上糖，放到这一页上。你
还能看到这些图片吗？如果在碗的底部装上水，再
放到书上，你会看到什么？

6 在杯子里倒点温水，再倒入一勺糖，
会发生什么？

水是透明的。

糖似乎消失了。

糖和水完全混合了。糖变成了肉眼看不
见的小颗粒，我们说它已经被水**溶解**了。

口渴的青蛙

水是从哪里来的？为什么有些地方很干燥，有些地方很湿润？在过去，人们试图用故事来回答这些问题。下面是流传在澳大利亚土著人之间的关于水的故事。

很久以前，有一只青蛙叫提达利克，它住在一个小水潭旁边。有一天，天气非常非常热，它特别口渴，渴得恨不得喝完一整潭水——结果它真这么做了！提达利克很贪心，它再也不想有这种口渴的感觉了。

所以当它喝光了水潭里的水后，它又去喝溪流里的水。

喝光了溪水后，它又去喝河里的水。

喝光了河水后，它又去喝湖里的水。

现在陆地上所有的水都装到提达利克巨大的绿色肚皮里了。

而第二天又漫长又炎热。所有的植物和动物都急需水。可是，提达利克连一滴水都没有剩下来。植物都变得枯黄枯黄的，动物们都变得很虚弱。

我们应该怎么办呀？

没有水，我们都会死的。

于是，动物们去请教有智慧的老袋熊。

袋熊想到了一个妙计："我们必须让提达利克张开嘴巴。我们必须让它笑！"

于是，袋鼠开始讲笑话。

鹅鹕做鬼脸。

鳗鱼把身体打成了结。

但是提达利克始终紧闭嘴巴。突然，一个细微的声音传来。那是一只鸭嘴兽。提达利克看了鸭嘴兽一眼，开始微笑。鸭嘴兽甩甩鸭嘴巴，提达利克就咯咯地笑了起来，一滴水从它的嘴里漏了出来。鸭嘴兽又摆动蹼脚，提达利克便哈哈大笑起来。

快看我！

水从提达利克的嘴里喷涌出来，填满了地上的河流、湖泊和水潭。植物和动物们喝饱了水。从此以后，提达利克喝水再也没有超出它自己需要的分量了。

11

水的形态

水是世界上唯一可以在正常温度下以固态、液态和气态三种形态存在的物质！

冰是固态的水。

蒸汽是转化为气态的水。

在一个寒冷的天气里对着窗户玻璃哈气。

这种气态的水也存在于我们周围的空气中，甚至出现在我们呼出的气体中，它被称为水蒸气。

怎么做

水变成冰

　　将制作冰块的模具装满水，然后放进冰箱冷冻室里。水会冷却下来，**凝固**成固态冰。研究一下冰，它与液态水有什么区别？当冰被加热时，它有什么变化？

> 当冰的温度升高，它会融化，变回水。

> 水蒸气是肉眼看不见的。

水变成气体

　　把几滴水放进一个塑料袋里，然后把塑料袋密封好，放在有阳光照射的阳台上。水会变热，然后变成气体。

气体变成水

　　把塑料袋放进冰箱或冰柜里，冷却水蒸气，会发生什么呢？

> 当塑料袋被冷却后，水蒸气还原成了水。

制作冰山

自己制作一座冰山，发现更多关于冰的特征。

需要的工具

- 塑料杯
- 冰箱
- 笔
- 自来水
- 大号透明碗或盆

怎么做

1 在塑料杯中装一些水，用笔标记好水位。

2 把装了水的杯子在冰箱冷冻室里放一夜。

3 把杯子从冰箱里拿出来，水已经变成了冰。观察你之前画好的水位线。

4 在大号透明碗或盆里装一些水。让大人帮你把杯子里的冰挤出来，倒进碗或盆里的水中。

有史以来最大的冰山

有史以来最大的一座冰山差不多有10个香港那么大。它是从南极洲的冰川上崩裂下来的。

冬季，北冰洋会被一大块浮冰覆盖着。浮冰之下，仍然是液态的海水。

水到0℃时就结冰了。

小的冰山被称为小冰山或冰山屑。

会发生什么呢？

当水结成冰，体积会变大，占用更多的空间。这就是你杯子里的冰高于你画的水位线的原因。冰比水轻，所以它浮在水中。真正的冰山就像是巨大的冰块，漂浮在海水中，只有冰山角露出水面，其余大部分都沉在水下。

这里是冰山角！

变身水侦探

我们看得见固态和液态的水，但看不见水蒸气。快快变身水侦探，寻找线索，看看空气中是否真的含有水蒸气。

> 别靠太近！沸腾的水和蒸汽非常危险！

线索1：热的饮料

观察大人做热饮的过程。当水被加热到100℃时，它们会迅速变成水蒸气。我们把这称为水开了。当水蒸气遇到冷一点的空气时，其中的部分气体就变成了非常小的水滴。这种现象被称为**凝结**。

线索2：积水消失了

水洼积水不会永远保留在地面上，它们会在几个小时或几天内消失。一些积水会渗入地下，其余的会变成水蒸气。水洼里的水不会沸腾，它们会借助太阳的热量缓慢地变成气体。

线索3：呼出的水

    龙会吐火，你会吐——水！下次，你在冷天坐在车里的时候，向车窗玻璃上哈一口气。你呼出的水蒸气遇到冰冷的玻璃，会迅速冷却下来，变成液态的小水珠。

线索4：制作冰霜

    把一个干燥的空金属杯子或其他容器装满冰块，再把它放进一间暖和的房间里，观察杯子的外壁。

发生了什么？

    杯子的外壁附着着一层霜。杯子里面的冰并没有穿透杯壁，这是杯子周围空气中的水蒸气接触到冰冷的金属时，被迅速冷却，变成了冰。

在罐子里造云

在罐子里造一朵云，了解云是怎么形成的。

需要的工具

· 带金属盖的玻璃罐
· 水
· 量杯
· 冰块
· 发胶

怎么做

1 倒一些温水预热玻璃罐（让大人帮你完成这一步）。

2 把金属盖翻过来，在上面放一把冰块。

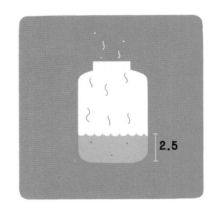

3 请大人把罐子里的温水倒出来，再倒入2.5厘米深的热水。

4 请大人向罐子里喷入少量的发胶（尽量不要喷到外面），然后迅速把装了冰块的盖子放到罐口上。仔细观察，看看会发生什么。你能看到一朵云盘旋在罐子的上半部吗？

发生了什么?

罐子底部的热水**蒸发**了(变成了气体)。水蒸气进入空气中,当它靠近罐子的顶部时,遇冷变为液态水。水分子聚集在罐子里的发胶颗粒周围生成小水滴,就形成了云。

随着小水滴变得越来越大,你可能会看到它们像雨一样又落回罐子底部!

天空中的云

水坑、湖泊和海洋里的水也是如此。阳光让水变热,一些水变成了水蒸气。它们跟随空气升入空中。水蒸气升到高处时,遇冷与空中的灰尘颗粒凝结成小水滴,小水滴聚集在一起就形成了云。

观察云

天上是白云朵朵还是乌云密布？云有
许多不同的颜色、形状和大小。你看到的
是哪一种云飘在天上？

卷云

它们是天空中飘得最高
的云，颜色洁白，轻盈缥缈。
它们是由微小的冰晶组成的。

高积云

这些蓬松柔软的小云朵
有时是白色的，有时是灰色
的，有时两种颜色同时出现。

卷积云

小小的云朵飘浮在高空中，像一
片片鱼鳞，这就是鱼鳞天。

高层云

这些灰蓝色的云可以布满整个天空。
有时，你会看到太阳在它们身后透出微弱
的光。

层积云

从这些片状低层云的缝隙中可以看到蓝蓝的天空。

积雨云

这种又厚又重的云有时能能积得比山还要高。这种云能带来大雨、雷雨和冰雹。

积云

这些云看起来就像毛茸茸的绵羊。如果它们越堆越高，就有可能降下阵雨。

雨层云

这些厚厚的云层阻挡了阳光，能能带来数小时的雨或雪。

层云

厚厚的云层挨近地面，看起来天空就像盖上了一张白色或灰色的大毯子。有时，这些云太接近地面，就变成了雾。

21

要下雨了吗?

　　我们预测**天气**时,云并不是唯一的依据。我们的祖先们早就注意到,当快要下雨的时候,许多植物和动物都会有异常的表现。

海鸥飞到陆地上。

你能预测是否下雨吗?试着观察这些线索。

牛躺倒在草地上。

鹿从山上跑下来寻找避雨的地方。

蒲公英和苜蓿的花朵收拢了。

松果合拢了。

蜘蛛离开它们的网。

22

燕子高飞时，不会下雨。但
如果它们飞得很低，预示着将要下
雨了。

绵羊面朝风
聚集在一起。

猫打喷嚏。

早上，牵牛花的
花瓣也不会张开。

狗吃青草。

青蛙呱呱叫得越
响，雨水会越多！

如果我高声啼叫着进窝，
肯定是马上要下雨啦。

23

制作雨量计

雨量计可以帮助你弄清楚雨量有多少。

需要的工具

· 大塑料瓶
· 剪刀
· 记号笔
· 量杯
· 水
· 花盆、土壤或沙子

怎么做

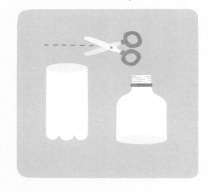

1　请大人帮你剪下大塑料瓶的瓶颈。

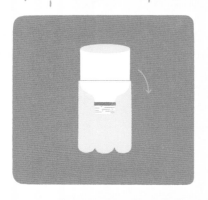

2　取下瓶盖，把剪下来的瓶颈部分倒扣在瓶子底部。

3　量取100毫升的自来水倒进塑料瓶里。用记号笔标记水位。

4　再倒入100毫升的自来水，并标记水位线。重复倒水和标记步骤，直到装满瓶子。把水倒掉，或者用来浇灌植物！

5　把雨量计放在外面没有树木或建筑物遮挡的地方。每一天或一周，记录一次瓶子里的水位。在一周结束时，倒掉雨量计里的水，重新开始记录。

把雨量计放在一个重实的花盆内，或者插进沙子或土壤里，以防被风吹倒。

利用日历做成天气表。每天，画一个雨滴表示收集了100毫升的降水。你也可以画出或写下你观察到的云的种类（参考第20-21页）。

	第一周	第二周	第三周
星期一			
星期二			
星期三			
星期四			
星期五			
星期六			
星期日			

你知道吗？

通过了解下了多少雨，农民和园丁可以预知他们的植物长势如何。

制造彩虹

雨过天晴时，你可能会看到天边挂着彩虹。你可以自己制造彩虹，了解彩虹形成的原因。

需要的工具

· 大的透明玻璃碗或塑料碗

· 自来水

· 小镜子

· 手电筒（或充足的阳光）

· 白色卡片

怎么做

① 把碗装满水。

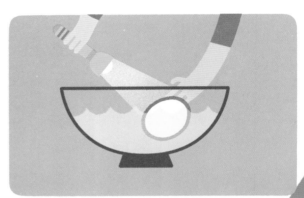

② 手握镜子，将镜子放入碗中。打开手电筒，照射镜子（或移动手中的镜子，直到有阳光从镜面反射出来）。

③ 移动镜子，直到你在白色卡片上看到彩虹。如果你没有白色的卡片，可以将光反射到一面浅色的墙上。

发生了什么？

当光线从空气中进入水中时，速度会减缓。这种速度的变化会使光线弯曲。每一束光的弯曲度都不同，这样光线就分散开来，展现出彩虹的各种颜色。光线经由镜面折射出碗外，离开水时还会再次弯曲。

彩虹的颜色

阳光是由不同颜色的光组成的。当它们混合在一起时，它们是白色的光（有点像混合颜料）。我们看到的彩虹，其实是被分解开的不同颜色的光线。

你能发现彩虹吗？

在阵雨后观察彩虹，要背向太阳而站。阳光照射到空中的水滴，光线被折射并反射出去，落入你的眼中。当阳光在雨滴中穿进穿出时，它会弯曲并被分解成彩虹的七种颜色。

试一试

记住下面这句话就记住彩虹的颜色啦：赤橙黄绿蓝靛紫！

雪花

位于最高层的云是由微小的冰晶组成的。这些小冰晶聚集在一起，形成大雪花，就会缓缓地向下飘落。

如果空气足够冷，雪花会从天空一路飘落到地面，不会半路就融化掉。

每片雪花都是小冰晶附着在微小的尘埃上凝结而成的。

一个大雪球（例如雪人的头）是由大约10亿片雪花组成的！

最小的雪花非常非常小，你可以在一分钱硬币上摆上上百片雪花。

大多数雪花的直径都不到1厘米。

在海拔非常高的地方，或两极附近，都会有大量的降雪。

没有两片雪花是一模一样的。

白雪可以反射阳光，因此雪可以保持好多天不融化。

所有的雪花都是六角形。每一个角都是完全相同的。

动物们毛茸茸的宽大脚掌可以防止它们陷入雪中。

雨夹雪就是雨水在下降过程中冻结的现象，有点像雨和雪的混合物。

许多生活在多雪地区的动物都有厚厚的白色皮毛，这是它们的**伪装色**，同时也能保暖。

29

水循环

水循环就是水从陆地到天空再回到陆地的过程。你也是水循环的一部分哦。

水蒸气很轻，并且肉眼看不到。它被带上天空，一直向上升，上升。

太阳的热量会让一部分海水转变成水蒸气。

你口渴吗？给自己倒一杯水喝吧。

废水通过下水道被送到污水处理厂。净化处理后，又被排入海里。

当你去洗手间小便时，你喝下的一部分水被排了出来，然后被冲走。

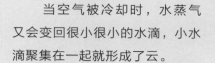

当空气被冷却时，水蒸气又会变回很小很小的水滴，小水滴聚集在一起就形成了云。

云被风吹到不同的地方。水滴变得越来越重，就会从空中落下来，形成雨、冰雹或雪。

降落下来的水流经地表，汇入河流和溪流中。

淡水被泵送到水厂，除去杂质、净化。

干净的水被管道输送到千家万户。

你知道吗？

水的旅程永远不会结束。你今天喝的水可能曾在霸王龙、罗马士兵或皇家公主的体内循环过呢！

节约用水

水覆盖了绝大部分地表。所以，我们的星球从太空中看是蓝色的！但是，地球上大部分的水是海水。世界上的许多地方缺乏淡水。因此，节约用水非常重要。

思考一下你在哪些方面要用水。怎样做才能减少用水呢？

打理花园

用集雨桶收集雨水浇灌花园和室内植物。

珍贵的水

假设这个瓶子里的水代表地球上所有的水。其中，来自云、河流、**水库**、湖泊、池塘和地下的淡水总计只有一茶匙那么多。而供我们使用的淡水就仅仅只有一滴！

洗澡

建议用快速淋浴代替泡澡。

刷牙

刷牙时，关掉水龙头。

冲厕所

确保每个马桶都安有节水装置。

洗衣服

衣服在清洗之前多穿几次。

洗碗

在洗碗槽里洗碗时，不要一直开着水龙头冲洗。只在洗碗机装满碗筷时才开机运行。

洗车

还可以用雨水洗车！

33

制作净水器

我们可以净化水，并反复利用水。

需要的工具

- 三个小塑料瓶
- 三个大塑料瓶
- 水
- 水壶
- 泥土
- 脱脂棉
- 碎木炭
- 鹅卵石
- 砂砾
- 沙子
- 苔藓
- 清洁海绵

怎么做

1 请大人帮你剪掉每个小塑料瓶的底部，做成三个长漏斗。

2 把长漏斗的瓶颈朝下装进大塑料瓶里。

3 在每个漏斗的颈部塞入一块清洁海绵，然后在每个漏斗中铺上三种不同的材料（见第35页）。

4 在水壶中混合一些水和泥土，制成污水。将等量的污水分别倒入每一个漏斗。静待，直到所有的水都渗到下面的大塑料瓶中。

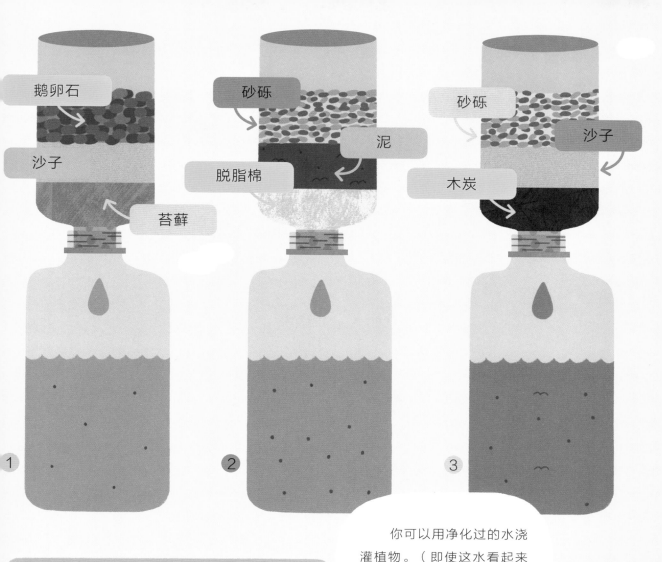

鹅卵石

沙子

苔藓

砂砾

泥

脱脂棉

砂砾

沙子

木炭

1

2

3

你可以用净化过的水浇灌植物。（即使这水看起来很干净，也不要饮用！）

发生了什么？

石头和沙子对水有很好的过滤效果，因此瓶①里的水看起来是最干净的。水厂会先用由石头和沙子做成的过滤器来净化水，然后再过滤掉水中肉眼看不到的细小杂质，还会往水里添加少量的氯（在游泳池里可以闻到的化学物质）用于灭菌。干净的水会被管道输送到居民区、学校和办公楼。

人体是由水组成的

水是一切生命的源泉——当然，也是你的重要组成部分！在人体中，水的比重约占三分之二。水帮助人体做很多不同的工作。因此，保持身体水分充足非常重要。

成人体内包含约40升的水，一天至少需要补充约2升的水。儿童每天需要喝6~8杯水。

缺水会让你感到虚弱、疲倦和口渴。

我们身体里的水并不是单纯的水。许多不同的物质——包括盐——都混合或溶解在其中。所以泪水是咸的。

唾液（口水）的主要成分是水。它不仅可以帮助我们咀嚼和吞咽食物，也有助于保持牙齿的清洁和健康。

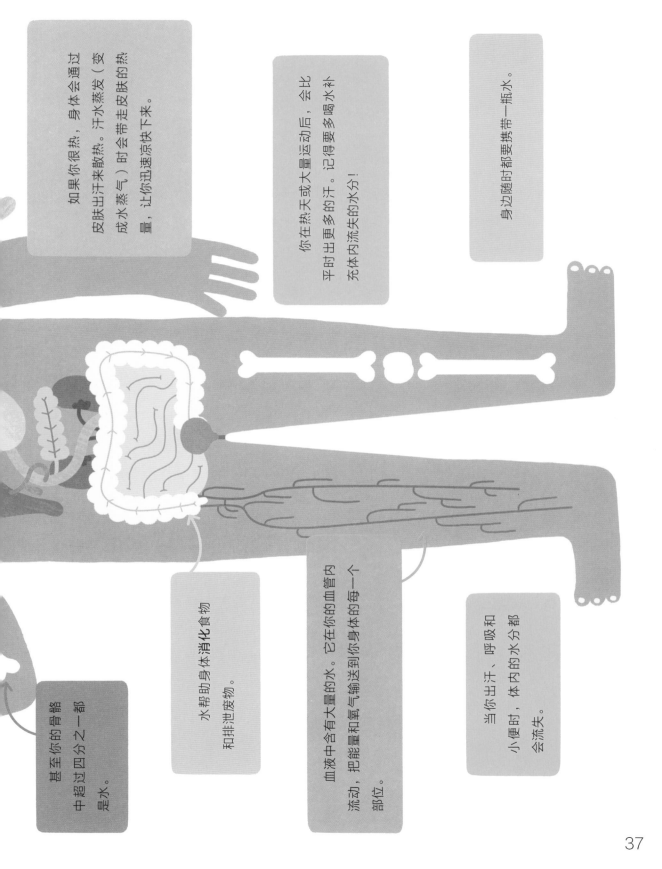

如果你很热，身体会通过皮肤出汗来散热。汗水蒸发（变成水蒸气）时会带走皮肤的热量，让你迅速凉快下来。

你在热天或大量运动后，会比平时出更多的汗。记得要多喝水补充体内流失的水分！

身边随时都要携带一瓶水。

水帮助身体消化食物和排泄废物。

血液中含有大量的水。它在你的血管内流动，把能量和氧气输送到你身体的每一个部位。

当你出汗、呼吸和小便时，体内的水分都会流失。

甚至你的骨骼中超过四分之一都是水。

37

神秘的盐画

自来水也不是完全纯净的。当水蒸发后，所有溶解在水里的物质都会被留下来。你可以利用这个原理制作一幅神秘的盐画。

需要的工具

· 一杯温水

· 盐

· 画笔

· 彩色粉笔或蜡笔

· 纸

怎么做

盐在水中消失了！

1 在温水中放入尽可能多的盐。

2 用画笔蘸着盐水在纸上画一幅画，把画晾干。

3 用粉笔或蜡笔在纸上轻轻地刮擦，神秘的图画就会显现出来。

发生了什么?

　　盐并没有消失，它只是溶解到水中了。这是一种特殊的混合现象（见第9页）。水把盐分解成我们肉眼看不见的微小颗粒。这些微小颗粒在水中扩散开来，但它们仍然留在水中。当水蒸发后，盐留在了纸上。当蜡笔擦过纸面时，颜色就留在了粗糙的盐上，神秘的图画就显现出来了。

海水溶解了大量不同的矿物质，这就是海水尝起来很咸的原因。

植物如何利用水

绿色植物可以制造自己所需要的养分。要完成这一过程，它们需要三种物质：

阳光

水

空气

叶子吸收阳光和空气，同时，水分通过叶子上的小孔蒸发出来，促使植物从根部吸收更多的水分。

植物在自己的叶子里制造养分。它们利用阳光中的能量把二氧化碳（从空气中吸收）和水变成糖。糖可以储存起来供以后使用。

植物的茎把水分从根部输送到植物的各个部位，并支撑起叶子和花朵。

植物通过根吸收水分，水分通过茎输送到植物的各个部位。

仔细观察植物根部，你会看到上面覆盖着一些细小的根毛，它们帮助根部吸收更多的水分。

根还能把植物固定在土壤里，并从土壤中吸收植物需要的重要矿物质。

虽然根冠很柔软，但它可以扎进坚硬紧实的土壤里。

41

制作水力洒水器

下面的花园洒水器就是利用水的**动力**工作的！

需要的工具

· 一个高塑料瓶

· 几根塑料弯头吸管

· 橡皮泥或腻子

· 自来水或雨水

· 水壶

· 纱线或绳子

怎么做

1 在瓶子两侧距离瓶底1厘米高的地方戳两个小孔，戳洞时小心一点（请大人帮你完成这一步）。

2 取两根吸管，把每根吸管的直头各插进一个小孔内。转动吸管，让一根吸管的弯头朝上，另一根的朝下。用橡皮泥或腻子封住小孔周围的缝隙，并将吸管固定住。

3 用纱线或绳子把瓶子挂在花圃或菜园的上方。请大人帮忙用手指堵住两根吸管的末端。用水壶向塑料瓶内倒水。现在可以拿开手指了。

发生了什么？

塑料瓶会转动起来，为周围的植物洒水！水总是往下流。当水通过吸管流出时，会同时给吸管施加一个后推力，这样塑料瓶就旋转起来了。你制作了一个发动机！它利用水的力量，让瓶子一圈一圈地转动。

试一试

让吸管的弯头都指向同一个方向，看看会发生什么？你能阻止瓶子旋转吗？再试着加上更多的吸管。你能让瓶子旋转得更快吗？

试着往塑料瓶里加入漂亮的花瓣，看看花瓣是如何旋转的。

你知道吗？

2000多年前，一位名叫希罗的发明家发明了最早的水力发动机。那时的人们用的是蒸汽，而非液态水。

创造

打造迷你池塘

所有动物都需要水。不过，有些动物一生都在水中生活，有些动物一部分时间生活在水中，一部分时间生活在陆地上。在你的花园里打造一个小池塘，近距离仔细观察水生生物吧。

需要的工具

· 铲子或铁锹
· 铺路石或瓦片
· 大块石头
· 塑料布
· 水生植物
· 干净的沙子

怎么做

1 在一个既有树荫又有阳光的地方（比如矮树丛边，而不是大树下）挖一个中间深、四周浅的坑。

2 在坑底铺上一层塑料布（可以在花鸟市场买到）。

3 用瓦片和大块石头固定住塑料布。

4 在这个小池塘底部铺上干净的沙子或砾石。从花鸟市场买一些水生植物，种植在坑周围。

5 等雨水灌满池塘，看看有谁住进来了！

豆娘

椎实螺

蚣甲

蜉蝣的幼虫

龙虱

留心观察池塘里和池塘周围的生物。有些生物只在一年中的特定时间内出现。

青蛙

划蝽

观察池塘时，始终确保有一位大人陪同。

植物很重要，它们会保持水体的鲜活和洁净，保证动物们能在池塘里生活下去。

蜻蜓

石蛾

水黾

蛙卵

蝌蚪

水虱

接下来怎么做？

在夏日，确保雨水灌满池塘。清理掉池塘里的落叶和死掉的植物。记录下有哪些动物到访过你的池塘。

深海探秘

海洋并不是一个巨大的鱼缸——从上到下都是同一种生物在游来游去。和陆地上一样，海洋里也有许多不同的栖息地。你可能会发现，生活在潮水潭或暗礁丛里的生物跟深海海底的生物是完全不同的。

光合作用带

0~200米

　　这个区域生活着众多生物，包括微生物，如藻类，它们利用阳光，为整个海洋提供食物！

中层带

200~1000米

　　尽管有部分阳光可以到达这一层，但这里比光合作用带更寒冷、更黑暗。生活在这一区域的鱼大部分可以自己发光。大型鱼类和鲸等海洋哺乳动物会从海面下潜到这个区域猎食。

深渊带

4000~6000米

这里的温度接近冰点，海床上全是软泥而非沙子。海绵、海参这类的生物以吸食从上层沉落下来的动物尸体为生。

深层带

1000~4000米

这一区域漆黑一片。生活在这里的生物以上层沉落下来的动物尸体为食。长相怪异的生物会簇拥在海底热泉的泉口周围。

超深渊带

6000~11000米

这里是海洋最深的区域。位于太平洋底部的马里亚纳海沟有11千米深。人类要探索如此深的区域非常困难。但是，每次探索这里，科学家们都会有新的发现！

沙漠中的生命

　　沙漠是世界上最干燥的地方，每年的降水量不足25厘米。但是，只要你仔细观察，就可以发现沙漠中的生命。这里的植物和动物都拥有不可思议的本领，帮助它们找到水源。

最干燥的沙漠根本不会下雨——所有的水分都来自雾！

沙漠植物都长有肥厚的茎和叶，以锁住水分。

我打赌你从没想到能在沙漠里找到鱼。

如果河流或湖泊干涸了，肺鱼会钻进泥土里，并用黏液裹住自己。它们可以在无水的环境中存活4年以上。

热，热，热！

纳米比亚蜥蜴为了给脚降温，会直立起来，踮着两只脚走过沙地。它们会舔食地上的露水。

双峰驼的上唇会接住鼻子里流出来的鼻涕。鼻涕被直接送进嘴里，绝不浪费一滴水！

巨大的根系可以帮助沙漠植物吸收地下深处的水。露珠会顺着植物的长叶子滑落到植物的根部。

棘刺不仅可以保护棘蜥免遭鸟类的捕食，还可以收集空气中的露水。露水会经由这些棘刺滴进棘蜥的嘴里。

拟步甲会迎风而立，头朝下尾部朝上。这样，它们的翅膀从雾气中收集到的水滴，刚好可以流进它们的嘴里！

奔向大海

雨水从天而降，顺流而下，汇入小溪，进入河流，一路奔流不息，直到到达大海。

河流往往起源于海拔高的地方，比如高山。河水会从陡峭的山坡上飞流而下。

小溪汇聚成河流。

在流水数千年的冲刷下，再坚硬的岩石丛间也会出现河道。河谷被越冲越深，变成幽深峡谷。

流水具有大能量。翻到第54页，看看怎样利用这些能量做一些有用的事情。

河水在弯道内侧流动得比较慢。水中的泥浆、沙子和石块淤积下来，形成了适合植物生长的肥沃土地。

在汽车和道路出现前，河流是最重要的运输通道。这就是城镇和城市往往临河而建的原因，即使有时会面临洪水的威胁。

人类有多种方式开发利用河流。其中，有些方式改变了河流的模样，并危害到流域内的动植物。

离你最近的河流叫什么名字？找找它的发源地和入海口。

河流快入海时流速会减慢很多。这里的陆地往往很平坦。随着水流速度的减缓，更多被河水携带的泥浆、沙子和石块沉积下来。

工厂往往建在河流和大海附近，这可能会导致水**污染**，所以人们必须行动起来，保护世界上的水。

51

侵 蚀

在你的厨房里造一条河，更好地了解水是怎样影响我们周围的环境的。

需要的工具

· 沙子

· 浅塑料托盘

· 装水的水壶

· 小树枝

· 鹅卵石

· 建筑用砖或乐高®积木

怎么做

1 在塑料托盘里装满沙子，加入少量水，让沙子变湿润（但不能太湿）。用力压一压，把沙子压平、压紧实。

2 用手指在托盘里的沙子上划出一条蜿蜒的"河"，连接托盘两端。

3 沿着河流的一侧插上小树枝作为小"树"。把小树枝的主干部分插进土里，充当树根。再添加一些鹅卵石和乐高积木房屋。

4 把托盘支在水槽的旁边，一端微微抬高，另一端悬在水槽上方。然后缓缓地把水壶里的水倒进河流起源处。看看水流过时会发生什么。

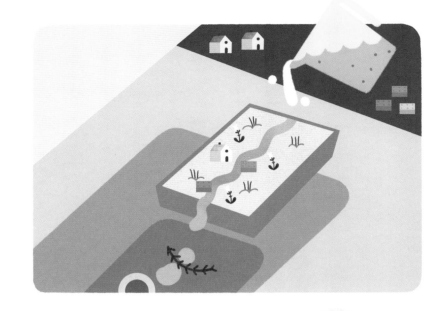

发生了什么？

　　流水侵蚀了河流附近的土壤。**侵蚀**是指土壤被流水、风或者冰冲走、风化或磨蚀。有时侵蚀发生得很快，如在洪水经过时。有时侵蚀是在几千年间缓慢进行的。

你知道吗？

　　植物的根能够固定土壤，防止土壤被侵蚀。如果河流附近的植物和树木被砍伐了，土壤就更容易被冲走了。

水 能

人们利用水力来工作已经有几千年的历史了。流动的水可以带动水车，水车再带动机器运转。

世界上第一座工厂建在河流附近。人们利用水车为磨坊磨面粉或抽水灌溉农田。

水总是往下流。水车转动就是利用了水往下流的能量。

流动的水推动水桶，水车轮子就转起来了。

这会带动连接着机器的车**轴**转动。

水力发电

今天，世界上大约六分之一的**电**来自**水力**发电。这种方式对自然的危害要比燃烧**化石燃料**发电产生的危害小得多，而且水循环意味着水是用之不竭的！未来将有更多的电来自水力发电。

电是一种能通过电线传输的能量，电线能把电输送到需要的地方。

这些部件连接着**发电机**，从而把动能转化为电能。

在水电厂，下落的水或流水驱动**涡轮机**转动。

制作水车

你可以在家里制作一台水动力机,利用流水的能量转动纸风车。

需要的工具

- 大塑料瓶
- 木棒
- 塑料包装盒
- 剪刀
- 橡皮泥
- 牙签
- 两粒带孔的珠子,孔的大小刚好能穿过牙签
- 胶带
- 规格为15厘米×15厘米的硬纸

怎么做

① 请大人帮你把大塑料瓶的上部剪下来,然后在瓶盖中央戳一个小孔。

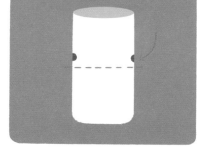

② 在瓶的相对两侧各戳一个孔,孔高为瓶身高度的一半,戳孔时要小心。

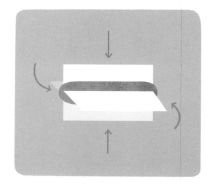

③ 把橡皮泥捏成约2厘米粗、3厘米长的香肠形状。然后从塑料包装盒上剪下四张3厘米长1厘米宽的长方形塑料片。如图所示,把四张塑料片插进香肠形状的橡皮泥中。

④ 把做好的图3放入大塑料瓶中,对准瓶侧的小孔。小心地把木棒穿进塑料瓶一侧的小孔中,再从香肠橡皮泥的正中心穿过,然后从瓶子另一侧的小孔中穿出来,确保木棒可以自由旋转。

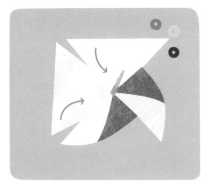

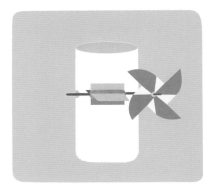

5 如图所示，用硬纸折一个风车。在每个角各剪开一条线，剪至距中心点2厘米处为止。

6 把纸的四个对角折向中心处，然后用牙签把五层纸串起来。在牙签两端各穿上一粒珠子，把风车固定住。

7 用胶带把风车粘到木棍的一端。

用薄的防水塑料制作风车，可以观察风车能否在雨中转动。

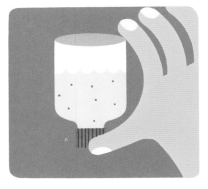

8 用你的拇指堵住塑料瓶盖上的孔，把瓶子的上部装满水。

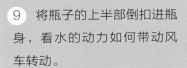

9 将瓶子的上半部倒扣进瓶身，看水的动力如何带动风车转动。

哗！哗！哗！

水不仅本身有用，它还可以帮助人们健身，带来很多欢乐！这些刺激又好玩的水上活动，你试过哪几项呢？

你喜欢游泳和潜水吗？

喜欢从水滑梯上快速滑下来吗？

喜欢蹚水、玩水上投球或逐浪吗？

水很好玩，但也很危险。当你靠近水或尝试水上运动时，一定要有一位大人陪同。

在水上滑行——看我的，出发！

喜欢潜到水下观察水底生物吗？

喜欢坐船还是划船呢？

喜欢冲浪还是驾驶帆船呢？

喜欢漂流吗？

或者就喜欢漂在水上！

59

中的其他行星和卫星。他们已经在很多不同的
地方发现了水。

火星

　　火星上曾经有过海洋。冬
季，火星表面会有冰层形成，并
且地下深处可能还有液态水存
在。火星上可能存在着生命。

水星

　　水星上很冷，有些地方可
能存在水冰。

月球

　　月球是地球的卫星。目前在
月球两极发现了大量水冰。

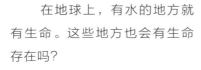

　　在地球上，有水的地方就
有生命。这些地方也会有生命
存在吗？

彗星

　　彗星就是个"脏雪球"（彗星彗核由
凝结成冰的水、二氧化碳、氨和尘埃微粒
混杂组成）。当它急速靠近太阳时，太阳
会融化掉其中的一部分冰，彗星就会长出
一条水汽"尾巴"。我们地球上的水可能
来自几十亿年前撞上地球的彗星！

木卫三

　　木星最大的卫星木卫三的体积比水星还要大！在它的坚硬地表下可能有液态水。

海王星和天王星

　　这两颗行星的地心处都有岩石和冰。

木卫二

　　木卫二是由冰组成的，它的冰层之下可能藏有巨大的海洋。木卫二蕴藏的水量可能是地球的两倍！

土星

　　太阳系中的大部分水都是以冰的形式存在着的，就像组成土星环的冰块一样。

土卫二

　　土星有许多由冰形成的卫星。土卫二上的火山喷出的并不是熔岩，而是水冰射流。科学家们认为这些水可能来自一个地下海洋。

土卫一

　　土卫一就是一块像岩石一样硬的大冰块！

词汇表

淡水　河流、池塘、湖泊和地下水源中含盐量很低的水。

电　一种可以通过电线传输的能量。

动力　可以利用的能量。

发电机　能够发电的机器。

化石燃料　煤、石油和天然气；由数百万年前的动植物遗骸转变形成的燃料。

雷雨　伴随着雷电的暴风雨。

凝固　从液体凝结成固体。

凝结　当水蒸气冷却下来时，在空气中形成微小水滴。

侵蚀　土壤或岩石慢慢被风、雨或波浪磨损。

溶解　分解为肉眼看不到的小微粒，混合在液体中。

融化　从固体转变成液体。

水库　用来储存很多水的地方。

水力　水的落差和水快速流动产生的能量，可被用于做有用的事，例如发电。

水循环　水从陆地到天空再返回陆地的过程。

水蒸气　气态的水。

天气　一个地区某一时段内的气温、云量、湿度或者光照强度。

伪装色　让动物与周围环境融为一体的颜色。

涡轮机　一种可以发电的机器，这种机器利用风、水、蒸汽或气体带动连接着发电机的特殊轮子转动来发电。

污染　对自然界的破坏。

消化　分解食物，让身体能够吸收利用。

雨量计　一种测量雨量的装置。

蒸发　从液体变成气体或水汽。

轴　一种机械内的长杆或杆，可以将动力从机械的一个部位转移到另一个部位。

著作权合同登记图字：01—2017—5115

图书在版编目(CIP)数据

调皮的水 ／ （英）伊莎贝尔·托马斯著 ；（智）宝琳
娜·摩根绘 ；朱霞译. —— 北京 ：新星出版社，2017.10
　（走进奇妙的科学世界）
　ISBN 978—7—5133—2659—9

Ⅰ. ①调… Ⅱ. ①伊… ②宝… ③朱… Ⅲ. ①水－青
少年读物 Ⅳ. ①P33—49

中国版本图书馆CIP数据核字(2017)第114760号

调皮的水

[英]伊莎贝尔·托马斯　著
[智]宝琳娜·摩根　绘
朱霞　译

责任编辑　　汪　欣
特邀编辑　　余雯婧　涂晓雪
装帧设计　　陈　玲
内文制作　　陈　玲
责任印制　　廖　龙

出　　版　新星出版社　www.newstarpress.com
出 版 人　马汝军
社　　址　北京市西城区车公庄大街丙 3 号楼 邮编100044
　　　　　电话 (010)88310888　传真 (010)65270449
发　　行　新经典发行有限公司
　　　　　电话 (010)68423599　邮箱editor@readinglife.com
印　　刷　北京利丰雅高长城印刷有限公司
开　　本　787mm×1092mm　1/16
印　　张　4
字　　数　13千字
版　　次　2017年10月第1版
印　　次　2020年2月第6次印刷
书　　号　ISBN 978—7—5133—2659—9
定　　价　39.80元